Le Maire de Nanterre aux Habitants.

Question du Gaz.

Messieurs,

Vous trouverez ci-joint tous les éléments de la cause qui vous intéresse à un si haut point, puisqu'elle peut favoriser l'extension de notre chère Commune ou l'arrêter dans sa voie de progrès et d'amélioration.

Vous avez les prix du gaz public et du gaz particulier dans les Communes de Courbevoie, Asnières, Puteaux, Suresnes, Chatou, Rueil, Croissy et Colombes. Vous voyez que toutes les déclamations contre le projet de prolongation ne reposent sur rien de sérieux, que les chiffres fantaisistes de notre adversaire ont dû prendre naissance dans quelque coin de la Gascogne et sont indignes d'un homme qui se respecte, et que malgré les dépenses imposées à la Compagnie par notre canalisation la Commune de Nanterre est au-dessous du prix moyen de ses voisines.

Ce n'est pas tout, le nouveau traité a dans son article 6 une amélioration considérable.

Le même article de l'ancien traité portait en effet que la Commune ne pouvait demander une nouvelle canalisation à la Compagnie qu'en lui garantissant un minimum de 34f. 90c. par mètre linéaire. Le nouveau ne demande qu'une garantie de 80f.

par cent mètres !!! ce qui permettrait à la Commune de faire faire ses canalisations sans frais.

Lorsque j'entrai à la Mairie, je trouvai une commission saisie de cette affaire; mon honorable prédécesseur s'était ému des demandes nombreuses qui lui avaient été faites en faveur d'une augmentation de l'éclairage public; il avait étudié avec la Commission les voies et moyens et ensemble ils avaient reconnu qu'un projet de prolongation devait être proposé à la Compagnie concessionnaire afin de lui faire faire les dépenses nécessaires à l'établissement de 55 becs nouveaux.

En effet, la situation financière de notre Commune ne permet pas d'employer d'autre moyen si l'on veut réellement donner satisfaction aux graves intérêts qui militent en faveur de l'augmen-tation de l'éclairage, nos ressources extraordinaires devant être engagées jusqu'en 1887 !!!

Grâce aux bonnes relations de M. Moûr nous avons bien obtenu 270,000 francs du Département et du Ministère de l'Instruction publique; pouvons nous demander encore et cela pour augmenter notre éclairage ? Évidemment non. Augmenter l'emprunt que nous devons faire ne nous serait peut être pas permis puisque nos ressources ordinaires sont insuffisantes au service ordinaire et que les ressources extraordinaires ainsi que je l'ai dit plus haut seront engagées pour l'emprunt jusqu'en 1887. Ai-je besoin d'insister sur cette situation ? Ne devons nous pas faire l'impossible pour ne pas exagérer notre dette ? Ne faudrait-il pas dans le cas où nous nous laisserions conduire par les

passions et les ambitions mal déguisées créer un impôt nouveau ?
Et lequel s'imposerait ? Ai-je besoin de vous le dire ?

Mes premières préoccupations lorsque je succédai à M.
Morin furent de faire aboutir les projets qui se trouvaient à
l'étude, tels que l'établissement d'un égout à la limite des territoires
de Rueil et de Nanterre, de la rigole découverte qui doit nous débarrasser
des eaux infectes qui sont le long du chemin de fer, d'en terminer avec
la réception des travaux de la Mairie, des Écoles de filles, de garçons
et du Cimetière, d'obtenir un traité avec la Compagnie des eaux
pour le compteur et de terminer les différents existants entre cette Com-
-pagnie et la Commune.

Je me préoccupai aussi de l'avenir et je m'aperçus qu'avant
deux ou trois ans nous aurions besoin d'augmenter notre éclairage.
En effet : d'ici un an ou deux nous aurons un nouveau boulevard à
la limite des territoires de Rueil et de Nanterre, il faudra l'éclairer;
nous aurons des tramways entre St Germain et le Pont de Neuilly
passant tant par Rueil et la Boule que par Chatou et Nanterre
en suivant les grandes routes de Mantes (N° 190) et de Cherbourg
(N° 13) ; ce seront de nouvelles canalisations à faire; de nouvelles
dépenses, si nous n'avions pas l'article 6 du nouveau traité.

J'espère que d'ici à peu de temps on s'occupera activement
d'un boulevard allant à la Seine, pour lequel j'ai demandé des
renseignements aux Ponts et Chaussées, renseignements qui ont pour
but de savoir où sera placé le pont qui devra relier Carrières-Saint-
Denis à Nanterre.

En quittant l'administration (car je décline absolument toute candidature), permettez-moi de vous annoncer que j'ai obtenu de l'Administration supérieure un crédit qui nous permet de couvrir le ruisseau longeant le Boulevard du Nord devant la propriété de Pongerville et de supprimer le cassis de la rue du Chemin de fer par la pose de deux bouches d'égout.

Je n'ai plus que des vœux à former pour notre Commune et je le fais avec un cœur et un esprit complètement désintéressés.

Le Maire de Nanterre,

Terneau.

Nanterre le 25 Août 1876.

Le Président de la Commission du Gaz au Membre du Conseil Municipal, Membre de la Commission du Gaz qui ne s'y est jamais présenté.

————

Pourquoi faut-il, Monsieur, qu'après avoir prouvé devant le Conseil Municipal le peu fondé des allégations contenues dans votre pamphlet du 18 Juin, vous m'obligiez cette fois qu'il s'agit des intérêts de la Commune à porter le débat devant elle ?

Vous l'avez voulu, soit, et sans m'occuper des insinuations contenues dans le préambule de votre prétendue réfutation du rapport de M. Morin, je réponds aux mots creux de votre premier paragraphe critique, qui n'ont aucune portée entre Vendeur et Acheteur.

Réfutation du rapport sur la question du Gaz.

————

Voici les raisons qui nous déterminent le repousser :

Le prix du Gaz est exagéré. Il doit être considérablement réduit. Les arguments invoqués pour le maintien des prix actuels et la réduction du Gaz particulier à 0,36ᶜ, à partir de 1885, sont erronés. Toutes considérations d'équité, d'usage, militent en faveur d'une réduction importante. La Compagnie du gaz ne fait aucun sacrifice, elle n'a droit à aucune compensation. La Commune lui concède des avantages énormes, exorbitants, sans aucune compensation. Enfin, elle peut et elle doit résoudre le problème, sans passer sous les fourches Caudines de la Compagnie.

Quel est le prix normal du Gaz ?

Il est de 0.15ᶜ pour les Communes, pour l'éclairage public, et de 0,30ᶜ pour les particuliers

Quel est le prix du Gaz à Nanterre ?

De 0,25ᶜ pour la Commune et de 0,40ᶜ pour les particuliers, soit donc pour chacun d'eux, une différence de 0,10ᶜ par mètre à leur préjudice

Si la Compagnie ne fait aucun sacrifice, il est évident que la Commune pourrait établir aussi bien qu'elle, les appareils et les canalisations. Comme il n'est proposé aucun moyen sérieux de mettre la Commune à même de faire les dépenses, que nous avons l'entêtement d'appeler des sacrifices, il faut donc les laisser faire à la Compagnie.

———

Le prix normal ! Moyen de Gaz n'est pas, et ne peut pas être de 0.15 attendu que la plus grande Ville de France paie exactement ce prix là, et qu'il est inadmissible que Paris ait accepté de subir le prix moyen des petites Communes, alors que sa consommation annuelle représentait déjà en 1861 celle de 100 Communes comme Nanterre. C'est donc un minimum de grande ville et non une moyenne (Rapport de la Compagnie Parisienne pour l'année 1861 - Vente de Gaz pour l'éclairage public à 0ᶠ.15ᶜᵗ le mètre 982,383ᶠ 01ᵗ).

Même raisonnement pour le prix de l'éclairage particulier pour lequel celui de Paris est présenté comme un prix moyen des Communes.

Il y a en outre une omission volontaire dans la comparaison du prix de 0.25ᶜ pour l'éclairage public à Nanterre, et le prix du même éclairage dans les autres Communes, y compris la Ville de Paris qui serait bien flattée si elle se doutait qu'elle sert de parallèle à Nanterre.

Les frais d'allumage, d'extinction, d'entretien et de remplacement des appareils sont compris à Nanterre dans le prix du Gaz, tandis que Paris et les autres petites Communes de même ordre paient 0, 04ᶜ par jour et par appareil en place, ce qui, appliqué à Nanterre en vu la consommation de chaque bec, abaisse en réalité le prix du mètre cube à 0ᶠ 14ᶜ ou 0ᶠ 15ᶜ, ni plus ni moins que si la dépense annuelle de Nanterre était 400 fois plus forte qu'elle n'est.

Les Becs publics de Nanterre brûlent, savoir :

Becs spéciaux. — Toute l'année, tous les jours et toute la nuit.

Becs permanents. — Toute l'année tous les jours, jusqu'à 1 heure.

Becs variables. — Six mois de l'année, 21 jours par mois jusqu'à minuit.

1,000 litres de gaz soit un mètre cube à 0f 25c ou une consommation d'une durée de 8h 20 minutes à 0f 03 l'heure donnent le même résultat.

Or, 8h 20 minutes représentent 500 minutes ce qui indique une consommation de 2 litres de gaz à la minute.

A Nanterre la moyenne des 66 becs de gaz imposés par le Cahier des Charges, brûlant par an, d'après le tableau d'éclairage de 1876, 1,311h 39 minutes, est une durée journalière de 3 heures 36 min.t ou une consommation de 432 litres par soirée lesquels à raison de 0f.2. le mètre cube donnent une dépense par jour de 0f 10c 80.

Le tableau ci-après indique la comparaison des prix des Communes environnantes avec Nanterre en supposant une consommation par jour et par bec semblable à celle faite par Nanterre.

Le même tableau indique aussi les prix du gaz livré aux particuliers et la durée des traités

Communes	Traités				Prix du Gaz public le mètre cube	Dépense moyenne par an d'après l'unité	Consommation particulière par les habts	Dépense totale moyenne par jour d'après l'unité	Prix au Gaz particulier le mètre cube	Conditions de réductions sur les prix du Gaz-public ou particulier.
	Commencement	Fin	Renouvellement	Durée années						
Rueil	1855	1885	"	30	0.10	0.04.32	0.03	0.07.32	0.38	
Suresnes	1871	1895	Renouvellement	25	0.16.5mill	0.07.128	0.02.5mill	0.09.628	0.32	
Courbevoie	1864	1905	Renouvellement pendant	12	0.15	0.06.48	0.04	0.10.48	0.32.5mill	Réduction du prix du Gaz-public à 0,22c 1/2 le mètre cube ou 0,02c 1/2 par l'heure, lorsque les foires particulières atteindront 500.
Nanterre	1860	1885	"	26	0.25	0.10.80	"	0.10.80	0.40	"
Colombes	1865	1905	"	40	0.16	0.06.912	0.04	0.10.912	0.32	"
Croissy	1872	1912	"	40	0.20	0.08.64	0.03	0.11.64	0.40	
Asnières	1863	1905	"	43	0.20	0.08.64	0.05	0.13.64	0.40	Réductions éventuelles. Consommation particulière minima par mètre courant de conduite point 40 mètres cubes 0.38c; pour 50c 0.36c pour 60m=0.34c, pour 70=0.32c; pour 80m ou au-dessous 0c.30c pendant 10 ans et 0.30c ensuite.
Puteaux	1861	1905	Renouvellement	42	0.20	0.08.64	0.05	0.13.64	0.35	
Clichy	1867	1906	Renouvellement	40	0.25	0.10.80	0.03	0.13.80	0.40	

On voit par le tableau qui précède que sur 9 Communes qui figurent, Nanterre se trouve en 4ème ligne pour le prix du gaz public et en 6ème pour le gaz particulier et que son traité expire en même temps que celui de Rueil c'est-à-dire en 1885, tandis que les autres ne prendront fin qu'en 1895, 1905, 1906 et 1912.

Si on consommait un mètre cube de gaz par jour pour l'éclairage public (et pour cela il faudrait faire brûler tous les becs presque toute la nuit, ce qui n'aurait pas sa raison d'être) les Communes seraient classées pour le prix du gaz public ainsi qu'il suit:

0,13.^{c} le mètre: Rueil;

0,19.^{c} le mètre: Suresnes et Courbevoie;

0,20.^{c} le mètre: Colombes;

0,23.^{c} le mètre: Croissy;

0,25.^{c} le mètre: Nanterre, Puteaux et Asnières;

et 0,28.^{c} le mètre: Chatou.

Cinq Communes seulement sur neuf seraient dans de meilleures conditions que Nanterre !

D'après les propositions de la Compagnie, pour une prolongation de traité, les avantages dont

Pourquoi ces différences importantes?

Parce qu'à l'origine de l'établissement de l'usine de Rueil, il fallait assurer, pendant le délai de la concession, le remboursement de ce qu'on appelle les frais de 1er établissement.

Eh bien, en 1885, la Compagnie aura entièrement amorti ses frais de construction, son capital, ses obligations, toutes ses dépenses en un mot, et alors le produit de son exploitation représentera exclusivement des bénéfices.

Nanterre jouir par le prix de 0f 25c le mètre pour l'éclairage public, sur 5 autres Communes lui seront conservés pendant les 25 années de concession nouvelle et le prix de 0f 40c aux particuliers sera abaissé à 0f 36c à partir de 1885.

Enfin la Compagnie offre, si on le préfère de réduire le prix du Gaz servant à l'éclairage public à 0,20c le mètre cube, mais à condition que la Commune paiera 0,04c d'entretien journalier par bec en place.

Cette combinaison nouvelle d'après le tableau ci-dessus porterait la dépense journalière de l'éclairage public à 0f 12c 64 au lieu de 0f 10c 80.

Les citations précédentes (dans la réfutation du rapport sur la question du gaz) relatives aux prix moyens des Communes étant absolument inexactes, on pourrait ne point rétorquer le présent paragraphe qui en est la déduction. Cependant on peut affirmer qu'il est étrange que, prenant pour comparaison les prix moyens actuels!! (suivant l'auteur), on leur compare les prix stipulés pour Nanterre il y a 15 ans.

Si même ce système de rechercher les prix moyens des autres Communes avait un bon côté

Est-il juste que ces bénéfices restent aussi élevés? — Evidemment non. — Et c'est cette raison qui a amené la Ville de Paris à participer dans une mesure considérable aux bénéfices de la Compagnie du Gaz: elle a droit à 0f.02c représentant les droits d'Octroi par mètre cube, à 250,000f pour location de son sous-sol, et après les prélèvements d'intérêts, d'amortissement et encore après prélèvement de 12,400,000fr. pour dividendes aux actionnaires elle partage

---

pour Nanterre, du moins pour qu'il soit applicable et accepté comme comparaison aux prix consentis il y a 15 ans, il aurait fallu rechercher les prix moyens de l'époque ou a été passé le contrat.

Quant aux frais de premier établissement, on peut demander à des personnes compétentes si des canalisations peuvent durer 51 ans sans être remplacées, et si les appareils de fabrication d'une usine ne sont point plusieurs fois renouvelés durant cet espace de temps. Et les bénéfices élevés que Nanterre a pu procurer à la Compagnie pour venir fournir sa part d'amortissement peuvent se calculer d'après le relevé ci-contre déjà fourni par elle sur la demande du Maire.

Cette comparaison avec la situation de la Compagnie Parisienne, groupement des anciennes Compagnies qui autrefois se partageaient l'éclairage de Paris, est tout simplement une absurdité.

L'éclairage de Paris par le Gaz a déjà 58 ans d'existence et cependant les particuliers paient encore le mètre cube 0f 30c.

La Ville partage avec la Compagnie l'excédant des bénéfices au delà de 10%.

excédant par moitié avec la Compagnie — b bien, cette participation a représenté, pour année 1876, 11.578.903.85ᶜ ; c'est-à-dire e l'éclairage public de la Ville de Paris coûte à peu près rien à la Commune.

Ainsi nous, Commune de Nanterre, us payons et nous continuerons à payer us cher et nous n'aurons aucune compen tion.

nez, déduction faite des intérêts, de l'amortissement du Capital, etc….etc… Mais peut il venir à l'idée de personne que l'éclairage de Nanterre a jamais produit et produira jamais à la Compa gnie l'Union des Gaz l'intérêt du Capital applicable à son exploitation particulière ; son amortissement, et encore 10% aux actionnaires. On ne peut évaluer à moins de 100,000 francs la valeur de l'établissement des conduites spéciales à Nanterre, et la part que peuvent représenter ses besoins de production dans l'ensemble des bâtiments et appareils de l'usine.

L'intérêt et l'amortissement de cette somme en 26 ans durée du contrat actuel est de 7.700 francs et 10% de dividende aux actionnaires nous amèneraient à 17.700 francs.

Si grande soit l'illusion que procure l'amour du clocher, on ne peut cependant se figurer que l'impor tance de l'éclairage de Nanterre laisse aux mains de la Compagnie un semblable bénéfice lorsqu'on sait, et on peut le savoir en lisant les comptes rendus de la Compagnie Parisienne que le bénéfice le plus fort qui ait été réalisé sur la fabrication du Gaz est de 56% …… Il est évident que

On a beau s'écrier que la consommation à Paris est très considérable; c'est vrai, je ne prétends pas à une assimilation proportionnelle rigoureuse, mais je maintiens :

1° Que tout le capital primitif est remboursé;

2° Que l'usine dessert d'autres Communes et je demande où se trouve pour nous la réciprocité de l'équivalent ? — Dans une augmentation de prix! Eh bien, cela est injuste et inacceptable. Et j'ajoute que cela crève les yeux de ceux qui veulent voir.

Quel est le revenu actuel procuré par la Commune et les particuliers à la Compagnie du Gaz ? — 20,443 fr. Est-il téméraire d'affirmer qu'il ira en augmentant et qu'il sera peut-être doublé dans 10 ans ? — Voilà donc une Compagnie qui sera remboursée intégralement de tous ses frais de premier établissement, de son capital actions, obligations etc. etc..., et qui restera pendant 25 ans en possession d'un monopole qui lui assure

Rueil n'a pas la prétention de fabriquer aussi avantageusement que Paris, et les rapports des Sociétés qui exploitent les usines de province démontrent que ce quantum de bénéfices ne peut être atteint nulle part ailleurs.

C'est justement cette assimilation proportionnelle rigoureuse qui est à l'avantage de la concession de Nanterre puisque le prix du gaz public est semblable, grâce à la suppression des 0 f 04 c d'entretien et d'allumage que Paris paie par jour et par appareil, et que le prix particulier ne sera plus que de 0 f 36 c après 26 ans d'installation de l'éclairage, tandis que l'on payait encore 0 f 45 c en 1854, soit 36 ans après le début de son éclairage au Gaz.

Les chiffres donnés sont de pure invention, et les déductions qui en découlent sont des hypothèses, dont les relevés ci-dessous démontrent l'invraisemblance:

0 à 40,000 fr de revenu annuel et qui ne donnera rien en échange. Est-ce qu'on a le droit dans ces conditions de parler de Sacrifices ?

Quant à moi, cela confond mon entendement.

Mais, en vérité, M. le rapporteur est bien mal venu à plaider si chaudement cette étrange thèse : la compensation dans l'intérêt de la Compagnie. En effet, nous nous permettrons de lui demander pourquoi il n'a pas montré le même zèle lorsque, en sa qualité de Maire, il a fait installer environ 150 becs nouveaux à la Mairie et aux Écoles ? Quelle compensation a-t-il alors demandée et obtenue ? N'était-ce pas cependant une excellente occasion d'exiger de la Compagnie du Gaz, la modification de l'Article du traité imposant une garantie de consommation par 20 mètres de canalisation quand dans tous les contrats on stipule une distance de cent mètres ? — Et pourtant, à cette époque, certains quartiers avaient déjà saisi le Conseil Municipal de leurs doléances : — Ces précédents n'ont-ils pas singulièrement facilité les impérieuses exigences de la Compagnie.

Il a encore été allégué qu'elle devait être favorisée parce qu'elle n'était pas dans

Aux termes de l'art. 6, le Maire n'avait le droit d'exiger de nouvelles canalisations qu'en garantissant une consommation de 1,163 heures½ par an pour chaque 20 mètres en moyenne de conduites à poser ?

À quel titre, et en vertu de quel avantage fait à la Compagnie par le placement de becs d'éclairage municipal dont la consommation ne pouvait être garantie, aurait-on pu obliger la dite Compagnie à modifier son traité ?

Pourquoi demander que les 20 mètres à canaliser pour 1 bec soient portés à 100 mètres ?

Trouve-t-on des traités qui parlant de 100 mètres de canalisation ne demandent qu'un seul bec pour ces 100 mètres ? — Ces choses s'écrivent pour irriter un adversaire ; mais ne se proposent pas.

Il y a erreur, ou pour vouloir un argument nouveau on provoque la

une voie prospère. — Cela est absolument inexact. — Indépendamment des prélèvements d'usage pour l'amortissement, les actionnaires de la Compagnie l'Union des Gaz touchent un dividende de 7% garanti par une Compagnie Anglaise de premier ordre. — J'en ai la preuve sous les yeux. — Cet argument, rapproché de l'attestation d'un Ingénieur affirmant une autre inexactitude sur le prix du gaz, donne la mesure d'une déplorable légèreté dans une question aussi grave. Je pourrais citer des Communes dans une situation similaire à la nôtre où une usine a été créée à l'aide d'une combinaison qui lui assure à l'expiration d'une durée de 25 ans l'entière propriété de l'usine et de la canalisation. Plaçons-là donc en parallèle avec nous qui, dans 33 ans n'aurons rien, et qui paierons notre gaz plus cher.

Je pourrais encore disséquer le prix de revient du gaz et indiquer que des hommes très compétents estiment comme à peu près nul le prix de revient du Gaz à Paris et dans la banlieue, en considération du produit des résidus.

Mais mon argumentation principale sur la comparaison avec les prix moyens normaux ; sur la production d'une usine dont tous les frais de 1er établissement et le capital seront amortis en 1885, suffit pour prouver que loin de payer le gaz plus cher, nous avons droit à une réduction sur les prix dont je parle

confusion. Il a été dit, que la Société l'Union des Gaz était actuellement dans une situation prospère mais que Rueil n'avait jamais fourni sa part de l'intérêt du capital qui lui est propre. Cela tient à des causes locales et surtout aux prix insuffisants payés par les Communes de Rueil et Nanterre pour l'éclairage public.

C'est une erreur aussi grossière que de dire que le pain ne coûte rien à faire parce qu'on a vendu la paille qui soutenait le blé, la braise qui a chauffé le four, etc..

Les hommes très compétents qui disent de ces énormités n'ont jamais eu entre les mains un rapport de fabrication d'usine à gaz, ni même pris la peine d'analyser avec soin le bilan d'une Compagnie gazière quelconque.

et enfin, de plus, à des stipulations particulières sur la propriété de la canalisation à la
fin de la concession.

Abordons maintenant la théorie du
sacrifice par la Compagnie, de 42,572 francs.

Il y a encore, sur ce point, une chose
essentielle oubliée par le rapporteur; c'est le
revenu que la Compagnie retirera de cette
dépense. — Recherchons-le.

La moyenne du produit par bec est de
43^f 87. — Pour 55 becs, cela donnerait donc
$55 \times 43^f 87$ soit 2,412^f 85.

Pour les becs particuliers, ne pouvons-
nous pas raisonnablement tirer la conséquence de
ce qui est démontré pour le passé et faire le
calcul suivant :

63 becs publics donnent annuellement
400 becs particuliers; donc 55 becs publics nouveaux
procureront 349 becs particuliers. Or, comme 400
becs particuliers ont produit un revenu de 16,673^f 40
à 349 becs donneraient .... 14,725^f 40

Ainsi; pour l'éclairage public et pour
la consommation particulière le revenu sera de
17,138^f 25 soit sur la Dépense de 42,572^f
un intérêt annuel de 40 ¼ %

Nous admettrons, si l'on veut une réduction
de 5 ou 10 %, bien qu'elle ne doive être que de ¼5.
Et nous nous demanderons si un industriel qui fait
une affaire qui lui procure 41¼ % s'impose un
sacrifice ?

Cette supposition que les quartiers
excentriques de la Commune, les voies à
peine tracées, les rues bordées de murs et non
de propriétés donneront, et tout de suite, le
même résultat que le centre du pays a procuré
en 16 ans, est tout à fait intelligente. S'il y
avait autant de becs probables, pourquoi ne
les a-t-on pas réunis pour obliger la Compagnie
à faire sans aucune compensation toutes
les canalisations désirables ?

C'eût été la meilleure réponse de
l'opposition à un projet qu'elle rejette par
esprit de parti, sans pouvoir présenter
quelque chose de pratique à la place.

Mais ce n'est pas tout : Cette dépense de 42,572f est exagérée ainsi que je pourrai l'établir.

Comment la Compagnie, fabriquant du gaz, ayant tous les capitaux nécessaires pour développer ses opérations, trouvant le moyen de placer ses capitaux à 41% - indépendamment de 50% au moins de bénéfice sur le gaz vendu hésiterait à faire les travaux et exigerait pour cela la condition onéreuse discutée dans la première partie de notre travail ? - Non - Cela est souverainement déraisonnable et si ces exigences ont été poussées à ces limites incompréhensibles, c'est qu'elle a été encouragée par une ignorance inexcusable.

———

Continuons. - Ce sacrifice si onéreux pour la Compagnie du Gaz, selon le Maire et le Rapporteur ne peut être fait par la Commune parce que ses ressources sont nulles et son budget trop onéreux pour subir de nouvelles charges.

D'où provient donc cette situation ?

De ce que dans les travaux communaux on a excédé de 70,000f. les chiffres prévus, sans nous éviter les difficultés les plus sérieuses avec les Entrepreneurs

———

Une faible partie de ces ressources n'aurait-elle pas suffi largement à satisfaire aux plus urgents besoins de l'Éclairage ?

———

Et en outre, n'avons nous pas au Budget une allocation de 6,000 fr. applicable à l'Éclairage.

Les deux paragraphes suivants sont aussi logiques. Ils n'ont aucune base sérieuse et tous les calculs qui les remplissent dérivant de la même erreur volontaire, ne peuvent même pas être discutés.

Tant qu'à l'ignorance que vous signalez comme elle ne s'adresse qu'à moi, puisque je suis le seul de la majorité de la Commission ne connaissant ni le Grec et le Latin[1] vous me permettrez de vous dire qu'il y a encore beaucoup de choses que j'ignore et parmi ces choses il y a le mensonge et la mauvaise foi.

———

Toujours des allégations aventureuses !!

Les dépenses ont dépassé les devis d'une somme de 30 à 32,000 francs et non 70000f sur des travaux s'élevant à 300,000f !!!

Quel est donc l'homme assez béni de Dieu qui, ayant fait bâtir, n'ait pas dépassé ses prévisions de 10% sur ses devis ?

———

Il n'y a rien à répondre puisque vous discutez sur une erreur.

———

Qui donc a donné cette somme et qui l'a obtenue ?

———

[1] La majorité de la Commission est composée de MM. Morin Rapporteur, Gautier, Guémard et du Président soussigné.

Avec seulement cette somme, en s'assurant concours des consommations particulières sur le arcours des canalisations les plus urgentes, on pourr ir résoudre le problème sans se placer à la erci de la Compagnie.

———

Si l'on n'avait été préoccupé de re- erecher une vaine popularité en présentant u projet général pour frapper les esprits se targuer d'une grande œuvre, on pouvait insi aller au plus pressé, recueillir des bonnements particuliers, et graduellement rlisfaire tous les besoins, sans aliéner l'ave- ir dans des conditions regrettables.

———

J'estime donc que le traité proposé par Monsieur le Maire, si chaleureusement ppuyé par M. Morin, ayant pour résultat nous faire payer plus cher que les autres illes et Communes, de concéder gratuitement endant 25 ans un monopole procurant r revenu de 20,300 à 40,000 fr, doit être jeté ; — que l'articulation d'un acrifice de 42,000 fr. devant rapporter 1¼ % est une triste ironie.

Et je proteste énergiquement contre ette combinaison, avec la conscience de emplir un devoir.

Que ferait-on avec cette somme ? On pourrait peut-être conduire le gaz jus- qu'au dessous de la rue des Pouvains sur la Route de Cherbourg.

———

Excellent Conseiller Municipal !!!
Pourquoi laisser passer le bout de l'oreille ?

Ce serait donc un grand mal si je faisais pour la Commune quelque chose de bon, de grand et d'utile !

———

C'est Magistral !!!!!!
Comme sortie, cela serait sifflé impitoyablement au théâtre. Comme tableau, cela manque absolument de lumière. Et comme prose, de l'emphase, de l'emphase et toujours de l'emphase.

———

Le Président de la Commission du Gaz,

Terneau.

Nanterre, le 25 Août 1876.

www.ingramcontent.com/pod-product-compliance
Lightning Source LLC
Chambersburg PA
CBHW050452210326
41520CB00019B/6172